EXPOSITION

ABRÉGÉE

DE LA THÉORIE SUR LA STRUCTURE

DES CRYSTAUX.

PAR M. HAUY.

Extrait du Journal d'Histoire Naturelle,
rédigé par MM. Lamarck, Bruguière,
Olivier, Haüy et Pelletier.

A PARIS,

CHEZ les Directeurs de l'Imprimerie du Cercle
Social, rue du Théâtre-François, N°. 4.

1792.

EXPOSITION ABRÉGÉE

De la théorie sur la structure des Crystaux.

Les différens articles relatifs à la cristallisation que je me propose de publier, dans ce journal, à mesure que l'observation amenera de nouveaux faits, me donneront lieu de faire connoître aussi de nouvelles applications de la théorie que j'ai publiée, il y a quelques années, sur les loix auxquelles est soumise la structure des crystaux (1). J'ai cru, en conséquence, qu'il ne seroit pas inutile de préparer ici, en quelque sorte, ces applications, et de mettre, ceux qu'elles pourroient intéresser, sur la voie pour les bien concevoir, en reprenant la suite des principes sur lesquels est fondée la théorie dont il s'agit.

Les recherches successives que j'ai faites pour étendre et perfectionner cette théorie, l'ont élevée à un degré de généralité, dont je ne l'avois pas crue d'abord susceptible, mais qui ne peut être bien saisi qu'à l'aide du calcul analytique (2).

(1) Essai d'une théorie sur la structure des crystaux. Paris, 1784.

(2) Voyez les Mém. de l'Ac. des Sc. an. 1790.

Outre le mérite qu'a l'analyse d'envelopper,
dans une seule formule, les solutions d'une
multitude de problêmes différens, elle peut seule
imprimer à la théorie le caractère de la certi-
tude, en parvenant à des résultats parfaitement
d'accord avec ceux que donne l'observation.
Malgré ces considérations, j'ai cru devoir pré-
férer ici une exposition raisonnée de cette même
théorie; et me borner à donner une idée des
loix qui lui servent de bases, en rendant sensibles les effets de ces loix par des constructions
faciles à saisir; c'est-à-dire, par des figures ac-
compagnées d'explications propres à faire concevoir l'arrangement respectif des petits solides
qui concourent à former un même crystal.
C'est cet arrangement que j'appelle *structure*,
par opposition au terme d'*organisation*, qui exprime le mécanisme beaucoup plus composé que
présente l'intérieur des animaux et des plantes.
Si cette marche est beaucoup moins directe, moins
expéditive et moins rigoureuse, si elle exige que
l'attention se fixe sur des détails que le calcul
franchit, pour aller rapidement à son but, elle
a du-moins cet avantage, que l'esprit par son
moyen apperçoit mieux les rapports qui lient
entr'elles les différentes parties de l'ensemble
qu'il considère, et se rend plus aisément compte

à lui-même des connoissances auxquelles il est parvenu (1).

I. Division mécanique des crystaux.

On sait qu'une même substance minérale est susceptible de plusieurs formes diverses toutes bien déterminées, et dont quelques-unes ne présentent, au premier aspect, aucun point commun qui paroisse indiquer leur rapprochement. Si l'on compare, par exemple, le Spath calcaire en prisme héxaèdre régulier avec le rhomboïde (2) du même Spath, dont le grand angle plan est d'environ 101^d $\frac{1}{2}$, on sera tenté de croire d'abord que chacune de ces deux formes est entièrement étrangère à l'égard de l'autre. Mais ce point de réunion qui échappe, lorsqu'on se borne à la considération de la forme extérieure, devient sensible dès qu'on pénètre dans le mécanisme intime de la structure Car si l'on essaie d'entamer le prisme héxaèdre, en suivant les

(1) Je me propose de réunir les avantages des deux méthodes dans un ouvrage particulier, où j'essaierai de présenter la minéralogie sous tous les points de vue qui peuvent concourir à en faire une véritable science.

(2) J'appelle *rhomboïde* un solide terminé par six rhombes égaux et semblables.

joints naturels des lames qui le composent, on parviendra à en extraire un rhomboïde entièrement semblable à celui dont nous avons parlé.

Supposons que $abef$ (pl. 9, fig. 1.) représente ce prisme. On trouvera que , parmi les six arêtes in, nc, cb, etc. de la base supérieure, il y en a trois qui se prêtent à la division mécanique. Soit in une de ces dernières arêtes. La division se fera suivant un plan $psut$, incliné de 45^d, tant sur la base $abcnih$, que sur le pan $inef$. Les deux arêtes bc, ah, admettront des divisions analogues à la précédente, sans qu'il soit possible d'en opérer de semblables sur les trois arêtes intermédiaires cn, ab, ih.

Ce sera tout le contraire par rapport à la base inférieure $gfedrk$. Car les arêtes de cette base qui admettront des divisions, seront opposées aux arêtes non divisibles de l'autre base ; c'est-à-dire que ce seront les arêtes dc, gf, kr. Le plan $lgyv$ représente la section faite sur cette dernière arête. On aura donc six plans mis à découvert par les sections, et si l'on continue de diviser toujours parallèlement à ces sections, jusqu'à ce que toutes les faces du prisme hexaèdre aient disparu, on arrivera au rhomboïde, qui est comme le noyau de ce prisme.

Tout autre crystal calcaire, divisé mécanique-

ment, donnera le même résultat; il ne s'agit que
de trouver le sens des coupes qui conduisent au
rhomboïde central. Par exemple, pour extraire
ce rhomboïde du Spath calcaire, nommé vulgai-
rement lenticulaire, et qui est lui-même un rhomboïde beaucoup plus obtus, ayant son grand
angle plan de $114^d. 18' 56''$, on partira des deux
sommets, en faisant passer les sections sur les
petites diagonales des faces (1). S'il s'agit, au
contraire, du Spath rhomboïdal à sommets aigus,
on dirigera les plans coupans parallèlement aux
arêtes contigues aux sommets, et de manière que
chacun d'eux soit également incliné sur les deux
faces qu'il coupera. (2).

Si l'on prend un crystal d'une autre nature,
tel qu'un cube de Spath fluor, le noyau aura une
forme différente. Ce sera, dans le cas présent,
un octaèdre, auquel on parviendra en abattant
les huit angles solides du cube (3). Le Spath
pesant produira, pour noyau, un prisme droit à
bases rhombes (4). le Feld-Spath un parallélé-
pipède obliqu'angle, mais non rhomboïdal (5).

(1) Essai d'une théorie, etc. pag. 78.
(2) Ibid. pag. 89.
(3) Ibid. pag. 91.
(4) Ibid. pag. 121.
(5) Mém. de l'acad. des sciences, an. 1784, pag. 237.

l'apatite ou le beril un prisme droit hexaèdre, le
Spath adamantin un rhomboïde un peu aigu, la
blende un dodécaèdre à plans rhombes, le fer
de l'Isle-d'Elbe un cube, etc. et chacune de ces
formes sera constante, relativement à l'espèce
entière, ensorte que ses angles ne subiront aucune
variation qui soit apréciable, et que, si l'on essaie
de diviser le crystal dans tout autre sens, on ne
pourra plus saisir aucun joint : on n'obtiendra
que des fragmens indéterminés ; on brisera en un
mot plutôt que de diviser.

Ces solides inscrits chacun dans tous les crystaux d'une même espèce, doivent être regardés
comme les véritables formes primitives dont toutes
les autres formes dépendent. J'avoue que tous les
minéraux ne sont pas susceptibles d'être divisés
mécaniquement. Il y en a cependant un beaucoup plus grand nombre qui s'y prêtent que je
ne l'avois pensé d'abord, et quant aux crystaux
qui se sont montrés rebelles jusqu'ici aux efforts
que j'ai faits pour y trouver des joints naturels,
j'ai remarqué que leur surface striée dans un
certain sens, ou même le rapport de leurs différentes formes, parmi ceux qui appartiennent à
une même substance, offroient souvent des indices
de leur structure, et qu'en raisonnant d'après
l'analogie avec d'autres crystaux divisibles, on

pouvoit déterminer cette structure , au moins
avec une grande vraisemblance.

J'appelle *formes secondaires* toutes celles qui
diffèrent de la forme primitive : nous verrons
dans la suite que le nombre de ces formes a une
limite que la théorie peut déterminer, d'après
les loix auxquelles est soumise la structure des
crystaux.

Le solide de forme primitive que l'on obtient,
à l'aide de l'opération que nous avons exposée,
peut être sous-divisé parallèlement à ses différentes faces. Toute la matière enveloppante est
pareillement divisible par des sections parallèles
aux faces de la forme primitive. Il suit de là que
les parties détachées à l'aide de toutes ces sections, sont similaires, et ne diffèrent que par leur
volume, qui va en diminuant, à mesure que l'on
pousse la division plus loin. Il en faut excepter
celles qui avoisinent les faces du solide secondaire. Car ces faces n'étant point parallèles à celles
de la forme primitive, les fragmens, qui ont une
de leurs facettes prise dans ces mêmes faces, ne
peuvent ressembler entièrement à ceux que l'on
détache vers le milieu du crystal. Par exemple,
les fragmens du prisme hexaèdre, fig. 3, dont
les facettes intérieures font partie des bases ou
des pans, n'ont point à cet égard la même figure

B

que ceux qui sont situés plus près du centre , et
dont toutes les facettes sont parallèles aux coupes
$p s u t, l q y v$, etc. Mais la théorie, ainsi que nous
le dirons , fait disparoître l'embarras qui naît,
au premier abord, de cette diversité , et réduit
tout à l'unité de figure.

Or, la division du crystal en petits solides
similaires a un terme, passé lequel on arriveroit
à des particules si petites, qu'on ne pourroit plus
les diviser sans les analyser, c'est-à-dire , sans
détruire la nature de la substance. Je m'arrête à
ce terme, et je donne à ces corpuscules que nous
isolerions, si nos organes ou nos instrumens étoient
assez délicats, le nom de molécules intégrantes. Il
est très probable que ces molécules sont les
mêmes qui étoient suspendues dans le fluide
où s'est opérée la crystallisation. Au reste elles
seront tout ce qu'on voudra. Toujours est-il vrai
de dire qu'à l'aide de ces molécules , la théorie
ramène à des lois simples les différentes métamorphoses des crystaux, et parvient à des résultats qui se rapprochent beaucoup plus de la
nature que ceux auxquels je me sois
détache vers le milieu du crystal
lorsqu'elle ...
à-dire un solide ...
deux ...

B

ce solide n'admet point d'autres divisions que
celles qui se font dans le sens de ses faces, il est
clair que les molécules qui résultent de la sous-
division, tant du noyau que de la matière enveloppante, sont semblables à ce noyau. Dans les
autres cas, la forme des molécules diffère de celle
du noyau. Il y a aussi des crystaux qui rendent,
à l'aide de la division mécanique, des particules
de diverses figures, combinées entre elles dans
toute l'étendue de ces crystaux. J'exposerai dans
la suite mes conjectures sur la manière de résoudre
la difficulté que présentent ces espèces de structures mixtes, et l'on verra d'ailleurs que cette
difficulté ne touche point au fonds de la théorie.

IIᵉ. Division. *Loix de décroissement.*

La forme primitive et celle des molécules intégrantes étant déterminées; d'après la dissection
des crystaux, il falloit chercher les loix suivant
lesquelles ces molécules étoient combinées, pour
produire autour de la forme primitive ces espèces
d'enveloppes terminées si régulièrement, et d'où
résultoient des polyèdres si différens entr'eux,
quoiqu'originaires d'une même substance. Or,
tel est le mécanisme de la structure soumise à
ces loix, que toutes les parties du crystal secondaire sur-ajoutées au noyau, sont formées de

lames qui décroissent régulièrement par des soustractions d'une ou plusieurs rangées de molécules
intégrantes, ensorte que la théorie détermine le
nombre de ces rangées, et par une suite nécessaire, la forme exacte du crystal secondaire.

Pour donner une idée de ces loix, je choisirai
d'abord un exemple très-simple et très-élémen-
taire. Concevons que EP (fig. 2.) représente un
dodécaëdre dont les faces soient des rhombes
égaux et semblables, et que ce dodécaëdre soit
une forme secondaire qui ait un cube pour noyau
ou pour forme primitive. On jugera aisément de
la position de ce cube par l'inspection de la fig. 3,
où l'on voit que les petites diagonales DC, CG,
GF, FD de quatre faces du dodécaëdre réunies
autour d'un même angle solide L forment un
quarré CDFG. Or, il y a six angles solides composés de quatre plans, savoir les angles L, O,
E, N, R, P (fig. 2.), et par conséquent si l'on
fait passer des sections par les petites diagonales
des faces qui concourent à la formation de ces
angles solides, on mettra successivement à découvert six quarrés, qui seront les faces du cube
primitif, et dont trois sont représentés figure 3,
savoir CDFG, ABCD, BCGH.

Ce cube seroit évidemment un assemblage de
molécules intégrantes cubiques, et il faudroit

que chacune des pyramides, telle que LDCGF
(fig. 3.), qui reposent sur ses faces, fût elle-même
composée de cubes égaux entr'eux, et à ceux qui
formeroient le noyau.

Pour mieux faire concevoir comment cela peut
avoir lieu, je vais indiquer le moyen d'exécuter
un dodécaëdre factice, en employant un certain
nombre de petits cubes, dont l'assortiment soit
une imitation de celui des molécules employées
par la nature à la formation du dodécaëdre que
nous considérons ici.

Soit ABGF (fig. 4.) un cube composé de 729
petits cubes égaux entr'eux, auquel cas chaque
face du cube total renfermera 81 quarrés, 9 sur
chaque côté, lesquels seront les faces extérieures
d'autant de cubes partiels représentatifs des molécules. Le cube dont il s'agit sera le noyau du
dodécaëdre que nous nous proposons de construire.

Sur l'une des faces, telle que ABCD, de ce
cube, appliquons une lame quarrée composée
de cubes égaux à ceux qui forment le noyau,
mais qui ait, vers chaque bord, une rangée de
cubes de moins que si elle étoit de niveau avec
les faces adjacentes BCGH, DCGF, etc. c'est-à-
dire que cette lame ne sera composée que de 49
cubes, 7 sur chaque côté, ensorte que si sa base

inférieure est *ongf* (fig. 5), cette base tombera exactement sur le quarré marqué des mêmes lettres , fig. 4.

Au-dessus de cette première lame, plaçons-en une seconde, composée de 25 cubes, cinq sur chaque côté, ensorte que si *lmpu* (fig. 6.) représenté sa base inférieure , cette base se trouve située précisément au-dessus du quarré désigné par les mêmes lettres (fig. 4.)

Appliquons de même une troisième lame sur la seconde , mais qui ne renferme que 9 cubes , trois sur chaque côté , de manière que *vxyr* (fig. 7.) étant sa base inférieure , cette base réponde au quarré marqué des mêmes lettres (fig. 4); enfin sur le quarré *r* du milieu , dans la lame précédente, posons le petit cube *r* (fig. 8.), qui représente la dernière lame.

Il est aisé de voir que , par cette opération , nous aurons formé au-dessus de la face ABCD (fig. 4.) une pyramide quadrangulaire , dont cette même face sera la base, et qui aura le cube *r* (fig. 8.) pour sommet. Si nous faisons la même opération sur les cinq autres faces du cube (fig. 4.), nous aurons en tout six pyramides quadrangulaires , qui reposeront sur les six faces du noyau qu'elles envelopperont de toutes parts. Mais comme les différentes assises, ou les lames qui

composent ces pyramides , se dépassent mutuellement d'une certaine quantité, ainsi qu'on le
voit fig. 9 où les parties élevées au-dessus des
plans BCD, BCG, représentent les deux pyramides qui reposent sur les faces ABCD, BCGH
(fig. 4.), les faces des pyramides ne formeront
pas des plans continus ; elles seront alternative-
ment rentrantes et saillantes , et imiteront en
quelque sorte un escalier à quatre faces,

Imaginons maintenant que le noyau soit composé d'un nombre incomparablement plus grand
de cubes presqu'imperceptibles, et que les lames
appliquées sur ses différentes faces, que j'appel-
lerai desormais *lames de superposition*, aillent de
même en diminuant vers leurs quatre bords, par
pes soustractions d'une rangée de cubes égaux à
ceux du noyau ; le nombre de ces lames se trouvera aussi sans comparaison plus grand que dans
l'hypothèse précédente ; en même-tems les cannelures qu'elles formeront , par les rentrées et
saillies alternatives de leurs bords, seront à peine
sensibles ; et l'on peut même supposer les cubes
composans si petits, que ces cannelures deviennent nulles pour nos sens, et que les faces des
pyramides paroissent parfaitement unies.

Maintenant DCBE (fig. 9.) étant la pyramide
qui repose sur la face ABCD (fig. 4.), et CBOG

(fig. 9.) la pyramide appliquée sur la face voisine BCGH (fig. 4.), si l'on considère que tont est uniforme depuis E jusqu'en O, (fig. 9.) dans la manière dont les bords des lames de superposition se dépassent mutuellement, on concevra que la face CEB de la première pyramide doit se trouver exactement sur le même plan que la face COB de la pyramide adjacente, ensorte que l'assemblage de ces deux faces formera un rhombe ECOB. Or nous avions, pour les six pyramides, vingt-quatre triangles semblables à CEB, qui, par conséquent, se réduiront à douze rhombes ; d'où résultera un dodécaèdre semblable à celui qui est représenté (fig. 2 et 3.), et ainsi le problème est résolu.

Le cube, avant d'arriver à la forme du dodécaèdre, passe par une multitude de modifications intermédiaires, dont l'une est représentée fig. 10. On y voit que les quarrés *pxeo, klqu, mnts*, etc. répondent aux quarrés ABCD, DCGF, CBHG, etc. (fig. 3.) et forment les bases supérieures d'autant de pyramides incomplettes, par le défaut des lames qui devoient les terminer. Les rhombes EDLC, ECOB, ect. (fig. 2.) par une suite nécessaire se réduisent à de simples hexagones *aeC/kD, eoBnmC*, etc. et la surface du crystal secondaire est composée de douze de ces hexa-

gones

gonès et de six quarrés. Ce cas est celui du Borate
magnésio-calcaire (Spath boracique), abstraction
faite de quelques facettes qui remplacent les angles
solides, et qui tiennent à une autre loi de décroissement, dont nous parlerons dans la suite.

Si le décroissement des lames de superposition
s'étoit fait suivant une loi plus rapide ; par exemple,
si chaque lame avoit eu, sur son contour, deux ,
trois , ou quatre rangées de cubes de moins que
la lame inférieure, les pyramides produites autour
du noyau, par ce décroissement, étant plus sur-
baissées, et leurs faces adjacentes ne pouvant plus
être de niveau, la surface du solide secondaire
auroit été composée de 24 triangles isocèles, tous
inclinés les uns sur les autres.

Supposons maintenant que les décroissemens
aient lieu en même-tems de deux manières différentes ; c'est-à-dire, par des soustractions de deux
rangées parallèlement aux bords AB et CD
(fig. 4.) ; et d'une seule rangée parallèlement
aux bords AD et BC. Supposons de plus que
chaque lame n'ayant que l'épaisseur d'un petit
cube du côté de AB et de CD, ait au contraire
une épaisseur double du côté de AD et de BC.
La figure 11 représente cette disposition, relativement aux décroissemens qui ont DC et BC
(fig. 4.) pour lignes de départ. Dans cette hypo-

C

thèse, il est clair qu'à cause du décroissement
plus rapide en partant de DC ou AB, que de
BC ou AD, les faces produites en vertu du premier, s'inclineront davantage sur le plan ABCD,
tandis que les faces produites par le second, resteront, pour ainsi dire, en arrière, en sorte que
la pyramide ne sera plus terminée par un cube
unique E (fig. 9), qui, à cause de son extrême
petitesse, paroît n'être qu'un point, mais par la
rangée de cubes MNST (fig. 11.), laquelle, en
supposant aussi ces cubes presque infiniment
petits, offrira l'apparence d'une simple arrête.
Par une suite nécessaire, la pyramide aura
pour faces deux trapezès, telles que DMNC
résultant du premier décroissement, et deux
triangles isocèles tels que CNB, qui seront l'effet
du second décroissement (1).

Concevons de plus que, par rapport aux lames
de superposition qui s'élèvent sur la face BCGH
{fig 4.), les décroissemens suivent les mêmes
loix, mais par des directions croisées, de manière que le plus rapide des deux ait lieu en
allant de BC ou de GH vers le sommet de la
pyramide, et le plus lent en allant de CG ou de

(1) Ici la face qui répond à ABCD (fig. 4.) a quarrés
sur chaque coté, comme on le voit dans la figure 11, et
l'on pourra aussi imiter artificiellement la structure de la
pyramide dont il s'agit, en se réglant sur l'ordre et le
nombre des cubes représentés par la même figure.

B H vers le même sommet. La pyramide qui
résultera de ces décroisemens, sera placée en sens
opposé de celle qui repose sur ABCD ; et aura la
situation indiquée fig. 14, où l'on voit que l'arête
KL qui termine la pyramide, au-lieu d'être parallèle à CD, comme l'arête MN (fig. 11 et 12), est
au contraire parallèle à BC. Enfin on concevra
ce qu'il y auroit à faire, pour que la pyramide
qui reposera sur DCGF (fig. 4.), soit tournée
comme le représente la fig. 13, et ait son arête
terminale PR parallèle à CG (fig. 4.). Je ne dis
rien des pyramides qui reposeront sur les trois
autres faces du cube, parce qu'il est évident que
chacune de ces pyramides doit être tournée
comme celle qui s'élève sur la face opposée.

Or comme les décroissemens qui donnent le
triangle CNB (fig. 12.) font continuité avec ceux
d'où résulte le trapèze CBKL (fig. 14.), ces deux
figures seront sur un même plan, et formeront un
pentagone CNBKL (fig. 15.). Par la même
raison le triangle DPC (fig. 13.) sera de niveau
avec le trapèze DMNC (fig. 12.), et, en raisonnant de la même manière des autres pyramides,
on concevra que les six pyramides ayant pour
faces en total douze trapèzes et douze triangles,
la surface du solide secondaire sera composée de
douze pentagones, qui répondront aux douze
rhombes de la fig. 2, avec cette différence qu'ils

auront d'autres inclinaisons. Ce solide est représenté seul (fig. 16.), et avec son noyau cubique
(fig. 17), où l'on voit comment il faudroit s'y
prendre pour extraire ce noyau. Par exemple, si
vous faites une section qui passe par les points
D, C, G, F, vous détacherez la pyramide qui
repose sur la face DCGF du noyau, laquelle sera
mise à découvert par cette section.

On trouve parmi les crystaux qui appartiennent
soit au sulfure de fer (la pyrite martiale) soit à
l'arseniate de Cobalt (la mine de cobalt arseni-
cale de Tunaberg), un dodécaèdre dont les faces
sont des pentagones égaux et semblables, et dont
le noyau est un cube situé comme nous venons
de le dire. Mais il y a une infinité de dodécaèdres
possibles, qui auroient tous pour faces des pentagones égaux et semblables, et différeroient
entr'eux par les inclinaisons respectives de leurs
faces. Parmi tous ces dodécaèdres, celui dont la
structure seroit (soumise) aux loix qui viennent
d'être exposées, donne 147° 56' 8'' pour la valeur de l'inclinaison de deux quelconques DPRFS,
CPRGL (fig. 16) de ses faces, sur l'arête de
jonction PR, ainsi qu'on le démontre aisément
par le calcul (1). Or quoiqu'on ne puisse se

(1) Voyez les Mém. de l'Ac. des Sciences,

flatter d'atteindre à la précision des secondes, ni
même à celle des minutes, en mesurant le même
angle sur la pyrite dodécaèdre, cette mesure prise
avec toute l'attention possible, approche si visi-
blement du résultat donné par le calcul, qu'on
doit regarder ce résultat comme la véritable limite
de l'approximation trouvée à l'aide de l'instrument, et conclure que la théorie est parvenue à
une précision rigoureuse. Ce que je dis ici a lieu
également pour tous les autres résultats de la
théorie, comparés à ceux du calcul, et il est visible
que si cette théorie étoit fausse, elle conduiroit à
des écarts que l'instrument ne manqueroit pas de
rendre sensibles, par les grandes différences qu'il
donneroit entre les angles calculés et les angles
mesurés.

M. Verner et M. Romé de l'Isle ont confondu
le dodécaèdre de la pyrite avec le dodécaèdre
régulier de la géométrie, dans lequel chaque
pentagone a tous ses côtés égaux, et tous ses
angles pareillement égaux (1). Si ces deux miné-
ralogistes célèbres eussent mis plus de géométrie
dans leur manière de considérer les crystaux, ils
auroient apperçu une distinction très-marquée
entre ces deux dodécaèdres, puisque le régulier

(1) Traité des caract. des fossiles, pag. 184. Voyez
aussi la Crystal. de M. de l'Isle, t. 3, pl. 232 et 233.

ne donne que 116ᵈ 33′ 54″ pour l'inclinaison
respective de ses pentagones, ce qui fait une différence d'environ 114 ¼ avec la valeur indiquée
plus haut. Il y a mieux, c'est qu'aucune loi de
décroissement n'est susceptible de produire le
dodécaèdre régulier, quelque composée qu'on
l'imagine, ainsi que je l'ai démontré ailleurs (1),
relativement à un noyau cubique, et que je puis
le démontrer aujourd'hui généralement pour un
noyau d'une forme quelconque. On peut juger,
d'après ces détails, combien l'usage du calcul
est important, soit pour garantir la vérité de la
théorie, soit pour tracer les bornes qui circons-
crivent la marche de la crystallisation.

Nous avons donc déjà deux espèces de dodécaèdres, l'un à faces rhombes, l'autre à faces
pentagonales, produits sur un noyau cubique,
en vertu de deux loix simples et régulières
de décroissement parallèlement aux arêtes du
noyau. On peut construire, en faisant varier ces
loix de diverses autres manières, une multitude
de nouveaux polyèdres qui auront le même
noyau dans leur manière de considérer. Les cry...

Les décroissemens parallèles aux bords des
lames de superposition, tels que nous les avons

(1) Traité de Minér., des tom..., pag. 184. Voyez

(1) Mém. de l'Ac. des Sc. an. 1785, pag. 223.

considérés jusqu'ici, ne suffisent pas pour expliquer toutes les transformations des crystaux. L'observation indique qu'il se fait aussi des décroissemens parallèles aux diagonales. C'est ce qu'il faut exposer avec un certain détail.

Soit ABCD (fig. 18), la surface supérieure ou inférieure d'une lame composée de petits cubes, dont les bases sont représentées par les quarrés qui sousdivisent le quarré total. Si l'on considère la suite des cubes auxquels appartiennent les quarrés *a*, *b*, *c*, *d*, *e*, *f*, *g*, *h*, *i*, il est évident que tous ces cubes seront sur la diagonale menée de A en C, et qu'ils formeront une même file (fig. 19.), laquelle ne différera de la file des cubes *a*, *n*, *q*, *r'*, *s'*, *t'*, *u'*, *z'*, *x'* (fig. 18.), qui est dans le sens du bord AD, qu'en ce que, dans la première, les cubes ne se touchent que par une de leurs arêtes, au-lieu que, dans la seconde, ils se touchent par une de leurs faces. On observera de même, dans toute l'étendue de la lame, des files de cubes parallèles à la diagonale, et dont l'une est indiquée par la suite des lettres *q*, *v*, *k*, *u*, *x*, *y*, *z*, une autre par celle des lettres *n*, *e*, *t*, *m*, *p*, *o*, *r*, *s*, et ainsi des autres. On peut donc concevoir que les lames de superposition, au-lieu de se dépasser mutuellement d'une ou plusieurs rangées de cubes, parallèlement à l'arête, se dépassent au contraire parallèlement à la diagonale, et l'on construira de même, autour d'un noyau cubique, des solides de diverses figures, en plaçant successivement au-dessus des différentes faces de ce noyau, des lames qui s'éleveront en formes de pyramides, et qui subiront l'espèce de décroissement que nous venons d'indiquer. Les faces de ces solides ne seront pas simplement sillonnées par des stries, comme lorsque les lames décroissent vers les arêtes. Elles seront hérissées d'une infinité de saillies formées par les pointes extérieures des cubes composans, ce qui est une suite nécessaire de la figure continuement anguleuse qu'offrent les bords des lames de superposition. Mais toutes ces pointes étant situées de niveau, on peut supposer d'ailleurs les cubes si petits, que les faces du solide paroissent former autant de plans lisses et continus.

Rendons tout ceci sensible par un exemple. Soit proposé de construire autour du cube ABGF (fig. 20.), considéré comme noyau, un solide secondaire, dans lequel les lames de superposition décroissent de tous les côtés, par une simple rangée de cubes, mais parallèlement aux diagonales. Soit ABCD (fig. 21), la base supérieure du noyau, sous-divisée en 81 petits quarrés qui

représentent

représentent les faces extérieures d'autant de mo-
lecules. Ce que nous dirons relativement à cette
base pourra s'appliquer aux cinq autres faces du
cube.

La fig. 22 représente la surface supérieure
de la première lame de superposition, qui doit
être placée au-dessus de ABCD (fig. 21.), de
manière que le point *a'* réponde au point *a*, le
point *b'* au point *b*, le point *c'* au point *c*, et le
point *d'* au point *d*. On voit d'abord, par cette
disposition, que les quarrés A*a*, B*b*, C*c*, D*d*
(fig. 21.) restent à vuide, ce qui met en exécution
la loi de décroissement indiquée. On voit de plus
que les rebords QV, ON, IL, GF (fig. 22.) dépassent d'une rangée les rebords AB, AD, CD,
BC (fig. 20), ce qui est nécessaire, pour que le
noyau soit enveloppé vers ces mêmes bords. Car
on concevra, avec un peu d'attention, que si
cela n'étoit pas, c'est-à-dire, si les bords de la
lame représentée (fig. 22) ainsi que des suivantes,
coïncidoient avec les lignes ST, EZ, YX,
MU, auquel cas ils seroient de niveau avec
AD, AB, CD, BC (fig. 21), il se formeroit des
angles rentrans vers les parties analogues du
crystal. Ainsi, dans les lames appliquées sur
ABCD (fig. 20), tous les bords qui répondroient
à CD, seroient de niveau avec CDFG, dont ils

D

formeroient le prolongement, et dans les lames appliquées sur DCFG, tous les bords analogues à la même arête CD seroient de niveau avec ABCD, d'où résulteroit nécessairement un angle rentrant opposé à l'angle saillant que forment les deux faces ABCD et CDFG. Or, les angles rentrans paroissent exclus par les loix qui déterminent la formation des crystaux simples. Le solide s'accroîtra donc dans les parties auxquelles le décroissement ne s'étend pas. Mais comme ce décroissement suffit seul pour déterminer la forme du crystal secondaire, on peut faire abstraction de toutes les autres variations qui n'interviennent que subsidiairement, excepté lorsqu'on veut, comme dans le cas présent, construire artificiellement un solide représentatif d'un crystal, et se rendre compte à soi-même de tous les détails relatifs à la structure de ce crystal.

La surface supérieure de la seconde lame sera semblable à A'G'L' K' (fig. 23), et il faudra placer cette lame au-dessus de la précédente, de manière que les points a'', b'', c'', d'' répondent aux points a', b', c', d' (fig. 22), ce qui laisse à vuide des quarrés qui ont leurs angles extérieurs situés en Q, S, E, O, V, T, M, G, etc. et continue d'effectuer le décroissement par une rangée. On voit encore ici que le solide s'accroît successivement

vers les bords analogues à AB, BC, CD, AD
(fig. 21.), puisqu'entre A' et L', par exemple,
(fig. 23) il y a treize quarrés, au-lieu qu'il n'y en
a que onze entre QV et LI (fig. 22.). Mais
comme l'effet du décroissement resserre de plus
en plus la surface des lames, dans le sens des
diagonales, il n'est plus besoin que d'ajouter
vers les bords non décroissans un seul cube désigné par A', G', L' ou K' (fig. 23), au-lieu des
cinq qui terminent la lame précédente, le long
des lignes QV, GF, LI, ON (fig. 22.)

Les grandes faces des lames de superposition
qui, jusqu'alors étoient des octogones QVGFI
LNO (fig. 22.) étant parvenues à la figure du
quarré A'G'L'K' (fig. 23) (1), décroîtront, passé
ce terme, de tous les côtés à-la-fois, ensorte que
la lame suivante aura, pour sa grande face supérieure, le quarré B'M'I'S' (fig. 24), moindre
d'une rangée dans tous les sens que le quarré
A'G'L'K' (fig. 23) : on disposera ce quarré au-
dessus du précédent, de manière que les points
t', f', g', k' (fig. 24.) répondent aux points e, f,
g, k (fig. 23.)

(1) Dans le cas présent, cette figure a lieu dès la seconde lame de superposition. En prenant un noyau composé d'un plus grand nombre de molécules, il est évident
qu'on auroit une limite plus reculée.

D 2

Les fig. 25, 26, 27 et 28 représentent les quatre lames qui doivent s'élever successivement au-dessus de la précédente, avec cette condition que les lettres semblables se correspondent comme ci - dessus. La dernière lame se réduira à un simple cube désigné par z' (fig. 29.), et qui doit reposer sur celui qu'indique la même lettre (fig. 28.)

Il suit de tout ce qui vient d'être dit, que les lames de superposition appliquées sur la base ABCD (fig. 20 et 21), produisent, par l'ensemble de leurs bords décroissans, quatre faces qui, en partant des points A, B, C, D, s'inclinent les unes vers les autres en forme de sommet pyramidal.

Remarquons maintenant que les bords dont il s'agit, ont des longueurs qui commencent par augmenter, comme on peut en juger par l'inspection des fig. 22 et 23, puis vont en diminuant ainsi qu'on en jugera d'après les figures suivantes. Il résulte de-là que les figures des faces produites par ces mêmes bords augmentent d'abord elles mêmes, et diminuent ensuite en largeur, de sorte qu'elles deviennent des quadrilatères. On voit (fig. 30) un de ces quadrilatères, dans lequel l'angle inférieur C se confond avec l'angle C (fig. 20) du noyau, et la diagonale LQ représente

le bord L'G' de la lame A'G'L'K' (fig. 23), qui
est la plus étendue dans le sens de ce même bord.
Et comme le nombre des lames de superposition
qui produisent le triangle LCQ (fig. 30) est moindre
que celui des lames d'où résulte le triangle LZG,
puisqu'il n'y a ici qu'une seule lame qui précède
la lame A'G'L'K' (fig. 23), tandis qu'il y en a
6 qui la suivent jusqu'au cube z (fig. 29) inclu-
sivement, le triangle LZQ (fig. 30) composé de
la somme des bords de ces dernières lames, aura
beaucoup plus de hauteur que le triangle inférieur LCQ, ainsi que l'exprime la figure.

La surface du solide secondaire sera donc
formée de 24 quadrilatères, disposés trois à trois
autour de chaque angle solide du noyau. Mais
en conséquence du décroissement par une rangée,
les trois quadrilatères qui appartiennent à chaque
angle solide, tel que C (fig. 20) se trouveront
sur un même plan, et formeront un triangle
équilatéral ZIN (fig. 31). Donc les vingt-quatre
quadrilatères produiront huit triangles équilatéraux, dont l'un est représenté (fig. 32) de manière à faire juger, au simple coup-d'œil, de
l'assortiment des cubes qui concourent à le former, et le solide secondaire sera un octaèdre
régulier. On voit (fig. 33) cet octaèdre dans
lequel le noyau cubique est engagé, ensorte que

chacun des ses angles solides C, D, F, G , etc.
répond au centre d'un des triangles IZN, IPN,
PIS, SIZ, etc. de l'octaèdre. On conçoit que,
pour extraire ce noyau , il faudroit diviser l'octaèdre sur ses huit angles solides, par des sections parallèles aux arêtes opposées. Par exemple
la section faite sur l'angle Z doit être parallèle
aux arêtes IS, IN, TN, TS, d'où résultera un
quarré qui sera situé lui-même parallèlement à
la base supérieure ABCD du noyau , et qui se
confondra avec cette base , lorsque les sections
auront fait disparoître entièrement les faces de
l'octaèdre.

Cette structure est celle du sulfure de plomb
(la galène) octaèdre , et du muriate de soude
(le sel marin) de la même forme. (1)

J'appelle *décroissemens sur les angles* ceux qui se
font parallèlement aux diagonales , et *décroisse-*
mens sur les bords ou *décroissemens sur les arêtes* ,
ceux qui ont des arêtes pour lignes de départ.

C'est aux loix de structure qui viennent d'être
exposées, et à d'autres semblables, que tiennent
toutes les métamorphoses que subissent les crystaux. Tantôt les décroissemens se font à-la-fois
sur tous les bords ou sur tous les angles, comme

(1) Voyez l'essai d'une théorie, etc. pag. 60 et suiv.

dans le cas du dodécaèdre à plans rhombes, que
j'ai cité pour premier exemple, et dans celui de
l'octaèdre régulier dont je viens de parler. Tantôt
ils n'ont lieu que sur certains bords ou sur certains angles. Tantôt les décroissemens sur les
bords se combinent avec ceux qui s'opèrent sur
les angles. Par exemple, si les deux décroissemens qui nous ont donné l'un le dodécaèdre à
faces pentagonales (fig. 16), l'autre l'octaèdre
régulier (fig. 32), concourent dans une même
crystallisation, il en résultera un solide à 20
faces triangulaires (fig. 34), dont 12 telles que
PSR, PLR, LNK, LUK seront isocèles, et pro-
viendront de la même loi qui produit le dodécaèdre, et les huit autres telles que NPL, MPS,
LRU, etc. seront équilatérales, et résulteront de
la loi qui donne l'octaèdre. Les douze premières
répondront aux pentagones PDSFR, PCLGR,
LCNBK, LKHUG, etc. (fig. 15) et les huit autres
remplaceront les angles solides C, D, G, etc. qui
se confondent avec ceux du noyau (1). Si au
contraire la loi d'où dépend l'octaèdre régulier
concourt avec celle qui a lieu dans le polyèdre
représenté fig. 10, les angles solides D,B,H,F, etc.
se trouveront remplacés par autant de facettes

(1) Mém. de l'acad. des sciences, an. 1785, p. 222.

hexagonales, comme cela a lieu dans une variété
du Borate magnesio-calcaire. Mais je reviendrai
dans un autre article sur la structure des crystaux
de cette espèce.

Il y a certains crystaux dans lesquels les décroissemens sur les angles ne se font point suivant
des lignes parallèles aux diagonales, mais parallèlement à des lignes situées entre ces diagonales
et les bords. C'est ce qui arrive lorsque les soustractions ont lieu par des rangées de molécules
doubles, triples, etc. La fig. 35 offre un exemple
des soustractions dont il s'agit, et l'on y voit que
les molécules se combinent comme si de deux il
ne s'en formoit qu'une, ensorte qu'il ne faut que
concevoir le crystal composé de parallélipipèdes
dont les bases soient égales aux petits rectangles
$abcd$, $edfg$, $hgil$, etc. pour faire rentrer ce cas
dans celui des décroissemens ordinaires sur les
angles. Je donnerai à cette espèce particulière
de décroissemens le nom de *décroissemens intermédiaires.*

Dans d'autres crystaux, les décroissemens, soit
sur les bords, soit sur les angles, varient suivant
des loix dont le rapport ne peut être exprimé que
par la fraction $\frac{2}{3}$ ou $\frac{3}{4}$. Il peut arriver, par exemple,
que chaque lame dépasse la suivante de deux
rangées, parallèlement aux arêtes, et qu'elle ait

en

en même-tems une hauteur triple de celle d'une
molécule simple. La fig. 36 représente une coupe
géométrique verticale d'une des espèces de pyramides qui résulteroient de ce décroissement, dont
on concevra aisément l'effet, en considérant que
AB est une ligne horizontale prise sur la base
supérieure du noyau, *b a z r* la coupe de la première lame de superposition, *g f e n* celle de la
seconde, etc. J'appelle *décroissemens mixtes* ceux
qui présentent cette nouvelle espèce d'exception
aux loix les plus simples.

Ces décroissemens, ainsi que les intermédiaires, existent d'ailleurs rarement, et c'est par-
ticulièrement dans certaines substances métalli-
ques que je les ai reconnus. Ayant essayé d'appliquer à des variétés de ces substances les loix
ordinaires, je trouvois de si grandes erreurs dans
la valeur de leurs angles, que je crus d'abord.
qu'elles échappoient à la théorie. Mais dès que
l'idée de donner à cette théorie l'"extension dont
je viens de parler se fut présentée, je parvins à
des résultats si précis, qu'il ne me resta aucun
doute sur l'existence des loix dont ces résultats
dépendent.

Si le nombre des rangées soustraites étoit très-
variable, si, par exemple, il y avoit des décroissemens par douze, vingt, trente, quarante, etc.

E

rangées, comme cela seroit absolument possible,
la multitude des formes qui pourroient exister
dans chaque espèce de minéral seroit immense,
et auroit de quoi effrayer l'imagination. Mais la
force qui opère les soustractions paroît avoir une
action très-limitée. Le plus souvent ces soustractions se font par une ou deux rangées de molécules. Je n'en ai point encore observé qui allassent
au-delà de quatre rangées , ensorte que s'il en
existe, elles doivent avoir lieu très-rarement dans
la nature. Et cependant malgré ces limites étroites
entre lesquelles les loix de la crystallisation sont
resserrées, j'ai trouvé , en me bornant aux deux
loix les plus ordinaires , c'est-à-dire à celles qui
produisent les soustractions par une ou deux
rangées, que le Spath calcaire étoit susceptible
de deux mille quarante-quatre formes différentes (1) , quantité qui l'emporte plus de cin-
quante fois sur le nombre des formes connues.

Les stries ou cannélures que l'on remarque sur
la surface d'une multitude de crystaux, offrent
une nouvelle preuve en faveur de la théorie, en

(1) Dans mon essai , pag. 217 et suiv. je n'avois porté
le nombre de ces formes qu'à 1019, parce que je n'avois
point fait entrer comme élément, dans le calcul, une modification de la loi des décroissemens, dont je ne con-
noissois pas encore l'existence.

ce qu'elles ont toujours des directions parallèles
aux rebords des lames de superposition , qui se
dépassent mutuellement , à moins qu'elles ne
proviennent de quelque défaut particulier de régularité. Ce n'est pas que les inégalités qui résultent des décroissemens , dussent être sensibles ,
si la forme des crystaux avoit toujours le fini dont
elle est susceptible. Car à cause de l'extrême petitesse des molécules , la surface paroîtroit d'un
beau poli, et les stries seroient nulles pour nos
sens. Aussi y a-t-il des crystaux secondaires où
1 on ne les apperçoit en aucune manière , tandis
qu'elles sont très-visibles sur d'autres crystaux de
la même nature et de la même forme. C'est que
l'action des causes qui produisent la crystallisation n'ayant pas joui pleinement, dans ce dernier
cas , de toutes les conditions nécessaires pour la
perfection de cette opération si délicate de la
nature , il y a eu des sauts et des interruptions
dans leur marche , ensorte que la loi de continuité n'ayant point été exactement observée , il
est resté sur la surface du crystal des vuides sensibles pour nos yeux. Au reste , on voit que ces
espèces de petites déviations ont cet avantage ,
qu'elles indiquent le sens suivant lequel sont
aussi alignées les stries sur les formes parfaites où
elles échappent à nos organes , et contribuent

ainsi à nous dévoiler le véritable mécanisme de la structure.

Les petits vuides que laissent sur la surface des crystaux secondaires même les plus parfaits les bords des lames de superposition, parleurs angles rentrans et saillans, fournissent aussi une solution satisfaisante de la difficulté dont j'ai parlé plus haut, et qui consiste en ce que les fragmens obtenus par la division, dont les facettes extérieures font partie des faces du crystal secondaire, ne sont point semblables à ceux que l'on retire de l'intérieur. Car cette diversité, qui n'est qu'apparente, vient de ce que les facettes dont il s'agit sont composées d'une multitude de petits plans réellement inclinés entr'eux, mais qui, à cause de leur petitesse, présentent l'aspect d'un plan unique, ensorte que si la division pouvoit atteindre sa limite, tous ces fragmens se résoudroient en molécules semblables entr'elles et à celles qui sont situées vers le centre.

La fécondité des loix d'où dépendent les variations des formes crystallines ne se borne pas à produire une multitude de formes très-différentes avec les mêmes molécules. Souvent aussi des molécules de diverses figures s'arrangent de manière qu'il en résulte des polyèdres semblables, dans différentes espèces de minéraux. Ainsi le dodécaëdre à plans rhombes que nous avons obtenu en combinant des molécules cubiques, existe dans le grenat avec une structure composée de petits tétraëdres à faces triangulaires isocèles (1), et je l'ai retrouvé dans le Spath fluor, où il est aussi un assemblage de tétraëdres, mais réguliers, c'est-à-dire dont les faces sont des triangles équilatéraux. Il y a plus, c'est qu'il est possible que des molécules semblables produisent une même forme crystalline, par des loix différentes de décroissement (2). Enfin le calcul m'a conduit à un autre résultat qui m'a paru encore plus remarquable ; c'est qu'il peut exister en vertu d'une loi simple de décroissement, un crystal qui, à l'extérieur, ressembleroit totalement au noyau, c'est-à-dire à un solide qui ne résulte d'aucune loi de décroissement (3).

III. *Nombre des formes primitives.*

Dans les exemples cités ci-dessus, j'ai choisi pour noyau le cube, à cause de la simplicité de de sa forme. J'ai trouvé jusqu'ici que toutes les formes primitives se réduisoient à six, qui sont, le parallélipipède en général, lequel comprend le cube, le rhomboïde et tous les solides ter-

(1) Essai d'une théorie, etc. pag. 169 et suiv.
(2) Mém. de l'acad. an. 1789.   (3) *Ibid.*

minés par six faces parallèles deux à deux ; le
tétraèdre régulier ; l'octaèdre à faces triangulaires, le prisme hexagonal, le dodécaèdre à plans
rhombes, et le dodécaèdre à plans triangulaires
isocèles.

Parmi ces formes, il y en a qui se retrouvent
comme noyau, avec les mêmes mesures d'angles,
dans différentes espèces de minéraux. On en sera
moins surpris, si l'on considère que ces noyaux
sont composés en dernier ressort de molécules
élémentaires, et qu'il est possible qu'une même
forme de noyau soit produite, dans une première
espèce, par tels élémens, et dans une seconde
espèce, par tels autres élémens combinés d'une
manière différente, comme nous voyons des molécules intégrantes, les unes cubiques, les autres
tétraèdres, produire des formes secondaires semblables, en vertu de diverses loix de décroissement. Mais ce qui est digne d'attention, c'est
que toutes les formes identiques qui se sont ren-
contrées jusqu'ici, comme noyaux, dans des
espèces différentes, sont du nombre de celles qui
ont un caractère particulier de perfection et de
régularité, comme le cube, l'octaèdre régulier,
le tétraèdre régulier, le dodécaèdre à plans
rhombes égaux et semblables. Ces formes sont
des espèces de limites auxquelles la nature arrive

par différentes routes, tandis que chacune des
formes placées entre ces limites , semble être
affectée à une espèce unique, du moins à en
juger d'après l'état actuel de nos connoissances.

IV. *Formes des molécules ordinaires.*

La forme primitive est celle que l'on obtient
par des sections faites sur toutes les parties semblables du crystal secondaire, et ces sections con-
tinuées parallèlement à elles-mêmes, conduisent
à déterminer la forme des molécules intégrantes,
dont le crystal entier est l'assemblage. Ceci exige
certaines considérations qui touchent au point
le plus délicat de la théorie, et que je vais exposer le plus clairement que me le permettront
les bornes dans lesquelles je suis obligé de me
renfermer.

Il n'y a point de crystal dont on ne puisse
extraire pour noyau un parallélipipède, en se
bornant à six sections parallèles deux à deux.
Dans une multitude de substances, ce parallélipipède est le dernier terme de la division mécanique, et par conséquent le véritable noyau.
Mais il est certains minéraux, où ce parallélipipède est divisible, ainsi que le reste du crystal,
par des coupes ultérieures faites dans des sens
différens de ses faces, et il en résulte nécessaire-

ment un nouveau solide qui sera le noyau, si toutes les parties du crystal secondaire surajoutées à ce noyau sont semblablement situées. Lorsque la division mécanique conduit à un parallélipipède divisible seulement par des coupes parallèles à ses six faces, les molécules sont des parallélipipèdes semblables au noyau. Mais dans les autres cas, leur forme diffère de celle du noyau. C'est ce qu'il faut éclaircir par un exemple.

Soit *achsno* (fig. 37) un cube ayant deux de ses angles solides *a*, *s*, situés sur une même ligne verticale. Cette ligne sera l'axe du cube, et les points *a*, *s*, en seront les sommets. Supposons que ce cube soit divisible par des coupes, dont chacune, telle que *ahn*, passe par l'un des sommets *a*, et par deux diagonales obliques *ah*, *an*, contiguës à ce sommet. Cette coupe détachera l'angle solide *i*, et comme il y a six angles solides situés latéralement, savoir *i*, *h*, *c*, *r*, *o*, *n*, les six coupes produiront un rhomboïde aigu, dont les sommets se confondront avec ceux du cube. La fig. 38 représente ce rhomboïde engagé dans le cube, de manière que ses six angles solides latéraux, *b*, *d*, *f*, *p*, *g*, *e*, répondent au milieu des faces *achi*, *crsh*, *hins*, etc. du cube. Or la géométrie fait voir que les angles aux sommets *bag*, *dsf*, *psf*, etc. du rhomboïde aigu sont de

60^d,

60^d, d'où il suit que les angles latéraux abf, agf, etc. sont de 120^d.

De plus, on prouve par la théorie, que le cube résulte d'un décroissement qui a lieu par une simple rangée de petits rhomboïdes semblables au romboïde aigu, sur les six arêtes obliques ab, ag, ae, sd, sf, sp. Ce décroissement produit deux faces de part et d'autre de chacune de ces arêtes, ce qui fait en tout douze faces. Mais comme les deux faces qui ont une même arête pour ligne de départ, se trouvent sur un même plan, par la nature du décroissement, les 12 faces se réduisent à six, qui sont des quarrés, ensorte que le solide secondaire est un cube. Je me borne à indiquer ici cette structure, dont le développement nous meneroit trop loin.

Imaginons maintenant que le cube (fig. 37) admette, relativement à ses sommets d, s, deux nouvelles divisions, semblables aux six précédentes, c'est-à-dire dont l'une passe par les points z, i, o, et l'autre par les points h, n, r. La première passera aussi par les points b, g, e, et la seconde par les points d, f, p (fig. 38 et 39) du rhomboïde, d'où il suit que ces deux divisions détacheront chacune un tétraèdre régulier $bage$, ou $dsfp$ (fig. 39), ensorte que le rhomboïde se trouvera changé en un octaèdre régulier ef

F

(fig. 49.), qui sera le véritable noyau du cube,
puisqu'il est produit par des divisions faites semblablement, par rapport aux huit angles solides
de ce cube.

Si l'on suppose que ce même cube soit divisible
dans toute son étendue, par des coupes analogues
aux précédentes, il est clair que chacun des petits
rhomboïdes dont il est l'assemblage, se trouvera
pareillement sous-divisé en un octaèdre, plus
deux tétraèdres réguliers, appliqués sur deux
faces opposées de l'octaèdre.

On pourra aussi, en prenant l'octaèdre pour
noyau, construire autour de ce noyau un cube,
par des soustractions régulières de petits rhomboïdes complets. Si, par exemple, on conçoit
des décroissemens par une simple rangée de ces
rhomboïdes, qui aient le point b pour terme de
départ, et se fassent parallèlement aux bords in-
férieurs g f, e g, d e, d f, des quatre triangles qui
se réunissent pour former l'angle solide b, il en
résultera quatre faces qui se trouveront de niveau, et comme l'octaèdre a six angles solides,
des décroissemens semblables autour des cinq
autres angles produiront vingt faces, qui, prises
quatre à quatre, seront pareillement de niveau,
ce qui fera en tout six faces distinctes, situées
comme celles du cube (fig. 37), ensorte que le

résultat sera précisément le même que dans le cas du rhomboïde considéré comme noyau.

De quelque manière que l'on s'y prenne, pour sous-diviser, soit le cube, soit le rhomboïde, soit l'octaèdre, on aura toujours des solides de deux formes, c'est-à-dire des octaèdres et des tétraèdres, sans jamais pouvoir réduire à l'unité le résultat de la division. Or les molécules d'un crystal étant nécessairement similaires, il m'a paru probable que la structure étoit comme criblée d'une multitude de vacuoles occupés, soit par l'eau de crystallisation, soit par quelqu'autre substance, ensorte que s'il nous étoit donné de pousser la division jusqu'à sa limite, l'une des deux espèces de solides dont il s'agit disparoîtroit, et tout le crystal se trouveroit uniquement composé de molécules de l'autre forme.

Cette vue est ici d'autant plus admissible, que chaque octaèdre étant enveloppé par huit tétraèdres, et chaque tétraèdre étant pareillement enveloppé par quatre octaèdres, quelle que soit celle des deux formes que vous supprimiez par la pensée, les solides qui resteront se joindront exactement par leurs bords, ensorte qu'à cet égard il y aura continuité et uniformité dans toute l'étendue de la masse. On concevra aisément comment chaque octaèdre est enveloppé

par huit tétraëdres, si l'on fait attention qu'en
divisant le cube, fig. 57,, seulement par les six
coupes qui donnent le rhomboïde, on peut partir
à volonté de deux quelconques $a, s; o, h; c, n; i, r,$
des 8 angles solides, pourvu que ces deux angles
soient opposés entr'eux. Or si l'on part des angles
$a, s,$ le rhomboïde aura la position indiquée
fig. 39. Si au contraire on part des angles solides
$o, h,$ ces angles deviendront les sommets d'un
nouveau rhomboïde (fig. 41) composé du même
octaëdre que celui de la fig. 39, avec deux nouveaux tétraëdres appliqués sur les faces bdf, egp
(fig. 41), qui étoient libres sur le rhomboïde de
la fig. 39. Les figures 42 et 43 représentent, l'une
le cas où les deux tétraëdres reposeroient sur les
faces $dbe, fgp,$ de l'octaëdre, l'autre celui où ils
reposeroient sur les faces $bfg, dep.$ On voit par
là que, quels que soient les deux angles solides
du cube que l'on prenne pour points de départ,
on aura toujours le même octaëdre, avec deux
tétraëdres contigus par leurs sommets aux deux
angles solides dont il s'agit, et comme il y a huit
de ces angles solides, l'octaëdre central sera cir-
conscrit par huit tétraëdres, qui reposeront sur
ses faces. Le même effet aura lieu, si l'on continue la division toujours parallèlement aux premières coupes. Donc chaque face d'octaëdre, si

petit que l'on suppose cet octaëdre, est attenante
à une face de tétraëdre et réciproquement. Donc
aussi chaque tétraëdre est enveloppé par quatre
octaëdres.

La structure que je viens d'exposer est celle
du fluate calcaire (Spath fluor). En divisant un
cube de cette substance, on peut à volonté en
extraire des rhomboïdes ayant leurs angles plans
de 120^d, ou des octaëdres réguliers, ou des
tétraëdres pareillement réguliers. Il existe un petit
nombre d'autres substances, telles que le crystal
de roche (1), le carbonate de plomb (plomb
spathique), etc. qui, étant divisées mécaniquement au-delà du terme où l'on aura le rhomboïde
ou le parallélipipède, rendent aussi des parties de
plusieurs formes différentes, assorties entr'elles
d'une manière même plus compliquée que dans
le Spath fluor. Ces structures mixtes jettent nécessairement de l'incertitude sur la véritable figure
des molécules intégrantes qui appartiennent aux
substances dont il s'agit. Cependant j'ai observé que
le tétraëdre étoit toujours l'un des solides qui con-
couroient à la formation des petits rhomboïdes ou
parallélipipèdes que l'on retiroit du crystal, par une
première division. D'une autre part, il y a des

(1) Mém, de l'acad. des sciences, an, 1786, p. 78 et suiv.

substances qui, étant divisées dans tous les sens possibles, se résolvent uniquement en tétraèdres. De ce nombre sont le grenat, la blende et la tourmaline. Soit *b g h n d f* (fig. 44) le rhomboïde du grenat, et *as* son axe. Si l'ont fait passer deux plans coupans, l'un par l'arête *a h*, et par la diagonale oblique *h s* du rhombe inférieur *g h n s*, l'autre par l'arête *n s* et par la diagonale oblique *a n* du rhombe *a h n d*, ces deux plans qui passeront aussi nécessairement par l'axe *as*, détacheront un tétraèdre *s a h n*, dont les faces seront des triangles isocèles égaux et semblables *a h n*, *a s n*, *h n s*, *h a s*. En faisant passer de même des plans coupans par toutes les arêtes contiguës aux sommets et par les diagonales obliques, on obtiendra six tétraèdres accolés par leurs faces, sans aucun vuide, et dont l'assemblage forme le rhomboïde.

Enfin plusieurs minéraux se divisent en prismes droits triangulaires. Telle est l'apatite dont la forme primitive est un prisme droit hexaèdre régulier, divisible parallèlement à ses bases et à ses pans, d'où résultent nécessairement des prismes droits à trois pans ; comme on en jugera par la seule inspection de la fig. 45, laquelle représente une des bases du prisme hexaèdre, partagée en petits triangles équilatéraux, qui sont les bases d'autant de molécules, et qui, étant pris deux à deux, forment des prismes quadrilatères à bases rhombes.

En adoptant donc le tétraèdre, dans les cas douteux dont j'ai parlé d'abord, on réduiroit en général toutes les formes de molécules intégrantes à trois formes remarquables par leur simplicité, savoir le parallélipipède qui est le plus simple des solides dont les faces sont parallèles deux à deux, le prisme triangulaire qui est le plus simple des prismes, et le tétraèdre qui est la plus simple des pyramides. Cette simplicité pourroit fournir une raison de préférence en faveur du tétraèdre, dans le Spath fluor et les autres substances dont j'ai parlé. Au reste, je m'abstiendrai de prononcer sur ce sujet, où le défaut d'observations directes et précises ne laisse à la théorie que la voie des conjectures et des vraisemblances.

Mais l'objet essentiel est que les différentes formes auxquelles conduisent les structures mixtes dont il s'agit, sont tellement assorties, que leur assemblage équivaut à une somme de petits parallélipipèdes, comme nous avons vu que cela avoit lieu par rapport au Spath fluor, et que les lames de superposition appliquées sur le noyau, décroissent par des soustractions d'une ou plusieurs rangées de ces parallélipipèdes, ensorte que le fonds de la théorie subsiste indépendamment du choix

que l'on pourroit faire de l'une ou l'autre des
formes que l'on obtient, par la division mécanique.

A l'aide de ce résultat, les décroissemens que
subissent les crystaux, quelles que soient leurs
formes primitives, se trouvent ramenés à ceux
qui ont lieu dans les substances où cette forme,
ainsi que celle des molécules, sont des parallélipipèdes indivisibles, et la theorie a l'avantage de
pouvoir généraliser son objet, en enchaînant à
à un fait unique cette multitude de faits qui, par
leur diversité, sembloient être peu susceptibles
de concourir dans un point commun.

V. *Différence entre la structure et l'accroissement.*

Dans tout ce que j'ai dit des décroissemens
auxquels sont soumises les lames de superposition, je n'ai eu en vue que de développer les loix
de la structure, et je suis bien éloigné de croire,
que dans un crystal dodécaèdre, où de toute
autre figure, qui auroit, par exemple, un cube
pour noyau, ce noyau ait été d'abord formé, tel
qu'on le retire du dodécaèdre, et ait ensuite passé
à la figure de ce dodécaèdre, par l'application
successive de toutes les lames de superposition
qui le recouvrent. Il paroît prouvé, au contraire,
que dès le premier instant, le crystal est déjà un
très-petit dodécaèdre, qui renferme un noyau
cubique

cubique proportionné à sa petitesse, et que dans
les instans suivans le crystal s'accroît, sans changer
de forme, par de nouvelles couches qui l'enve-
loppent de toutes parts, de manière que le noyau
s'accroît de son côté, en conservant toujours le
même rapport avec le dodécaèdre entier.

Rendons ceci sensible par un exemple tiré
d'une figure plane. Ce que nous dirons de cette
figure peut aisément s'appliquer à un solide,
puisqu'on peut toujours concevoir une figure
plane, comme une coupe prise dans un solide.
Soit donc ERFN (fig. 46) un assortiment de
petits quarrés, dans lequel le quarré ABCD,
composé de 49 quarrés partiels, représente la
coupe du noyau, et les quarrés extrêmes R, S,
G, A, I, L, etc. celle de l'espèce d'escalier formé
par les lames de superposition. On peut concevoir
que l'assortiment ait commencé par le quarré
ABCD, et que différentes files de petits quarrés
se soient ensuite appliquées sur chacun des côtés
du quarré central ; par exemple, sur le côté AB,
d'abord les cinq quarrés compris entre I et M,
ensuite les trois quarrés renfermés entre L et O,
puis le quarré E. Cet accroissement répond à
celui qui auroit lieu, si le dodécaèdre commen-
çoit p--- être un cube proportionné à son volume,

La théorie que je viens d'exposer, semblable

G

et qui s'accrût ensuite par une addition de lames continûment décroissantes.

Mais, d'une autre part, on peut concevoir que l'assortiment ait été d'abord semblable à celui qui est représenté fig. 48, dans lequel le quarré $abcd$ n'est composé que de neuf molécules, et ne porte sur chacun de ses côtés qu'un seul quarré t, n, f ou r, et qu'ensuite, à l'aide d'une application de nouveaux quarrés, qui se soient arrangés autour des premiers, l'assortiment soit devenu celui de la fig. 47, où le quarré central $a'b'c'd'$ est formé de 25 petits quarrés, et porte sur chacun de ses côtés une file de trois quarrés, plus un quarré terminal t, n, f ou r ; et qu'enfin par une application ultérieure, l'assortiment de la fig 47 se soit change en celui de la fig. 46. Ces différens passages donneront l'idée de la manière dont les crystaux secondaires peuvent augmenter de volume, en conservant leur forme, par où l'on voit que la structure se combine avec cette augmentation de volume, ensorte que la loi suivant laquelle toutes les lames appliquées sur le noyau du crystal parvenu à ses plus grandes dimensions décroissent successivement, en partant de ce noyau, existoit déjà dans le crystal naissant.

La théorie que je viens d'exposer, semblable

en cela aux autres théories, part d'un fait prin-
cipal dont elle fait dépendre tous les faits du même
genre, qui n'en sont que comme les corollaires.
Ce fait est le décroissement des lames sur-ajoutées
à la forme primitive, et c'est en ramenant ce
décroissement à des loix simples , régulières
t susceptibles d'un calcul rigoureux , que la
héorie parvient à des résultats dont la vérité est
prouvée par la division mécanique des crystaux et par l'observation de leurs angles. Mais il
resteroit de nouvelles recherches à faire , pour
remonter encore de quelques pas vers les loix
primitives auxquelles le Créateur a soumis la
crystallisation , et qui ne sont elles-mêmes autre
chose que les effets immédiats de sa volonté
suprême. L'une de ces recherches auroit pour
objet d'expliquer comment ces petits polyëdres,
qui sont comme les rudimens des crystaux d'un
volume sensible , représentent tantôt la forme
primitive, sans aucune modification , tantôt une
forme secondaire produite en vertu d'une loi de
décroissement, et de déterminer les circonstances
auxquelles tiennent les décroissemens sur les
bords , et celles qui amènent les décroissemens
sur les angles. Je me suis déjà occupé de la solution de ce problême aussi délicat qu'il est inté-
ressant. Mais je n'ai encore à cet égard que des

conjectures qui, pour mériter de voir le jour,
demandent à être vérifiées par un travail plus
suivi et plus profondément médité.

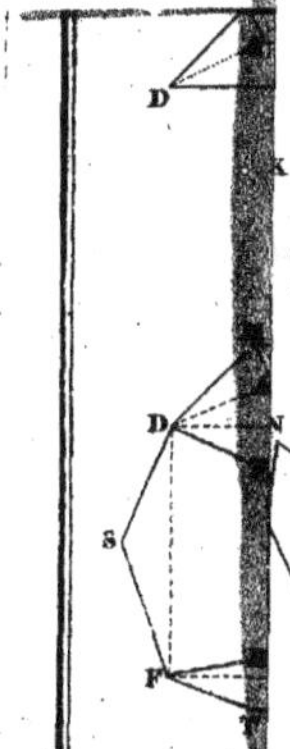

Fig. 16.

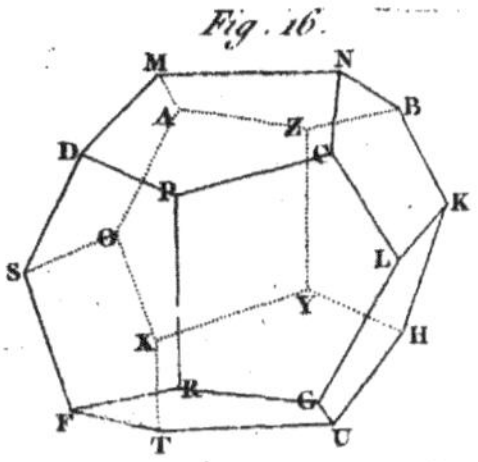

Fig. 19.

N.º 5.

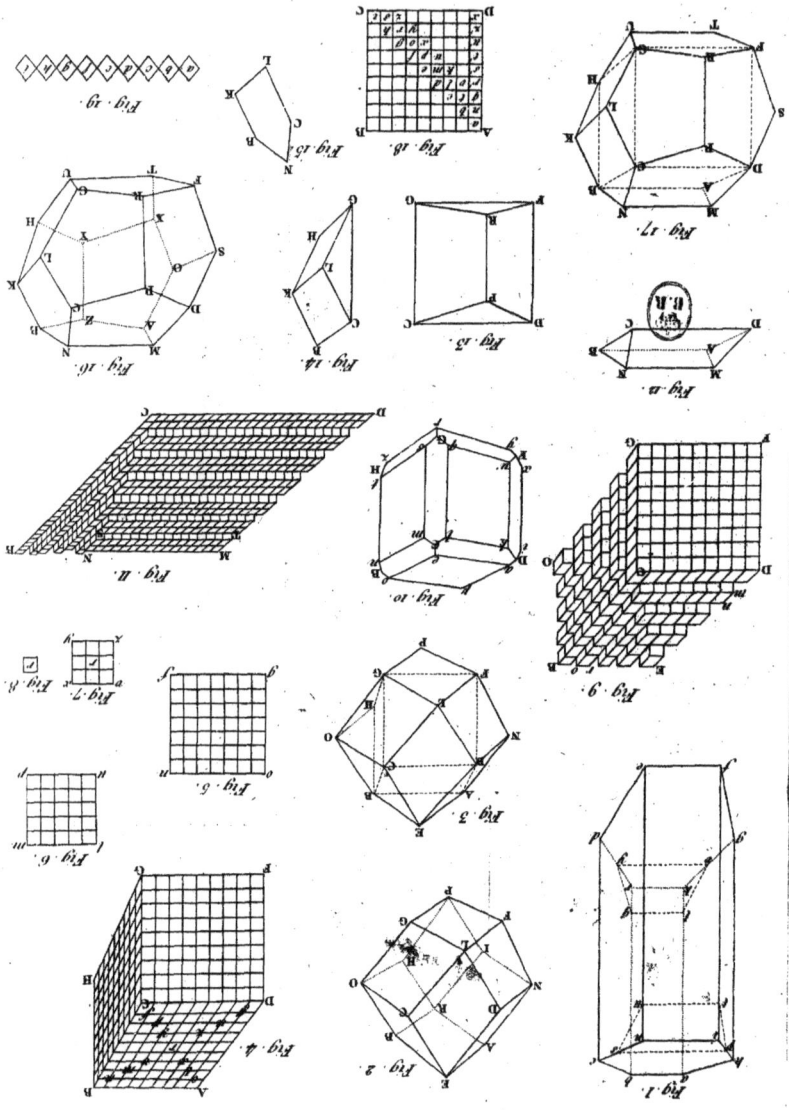

Fig. 19.

Fig. 13.

Fig. 18.

Fig. 17.

Fig. 16.

Fig. 14.

Fig. 15.

Fig. 12.

Fig. 11.

Fig. 10.

Fig. 9.

Fig. 7.

Fig. 8.

Fig. 5.

Fig. 6.

Fig. 3.

Fig. 4.

Fig. 2.

Fig. 1.

Pl. 9.

Pl. II.

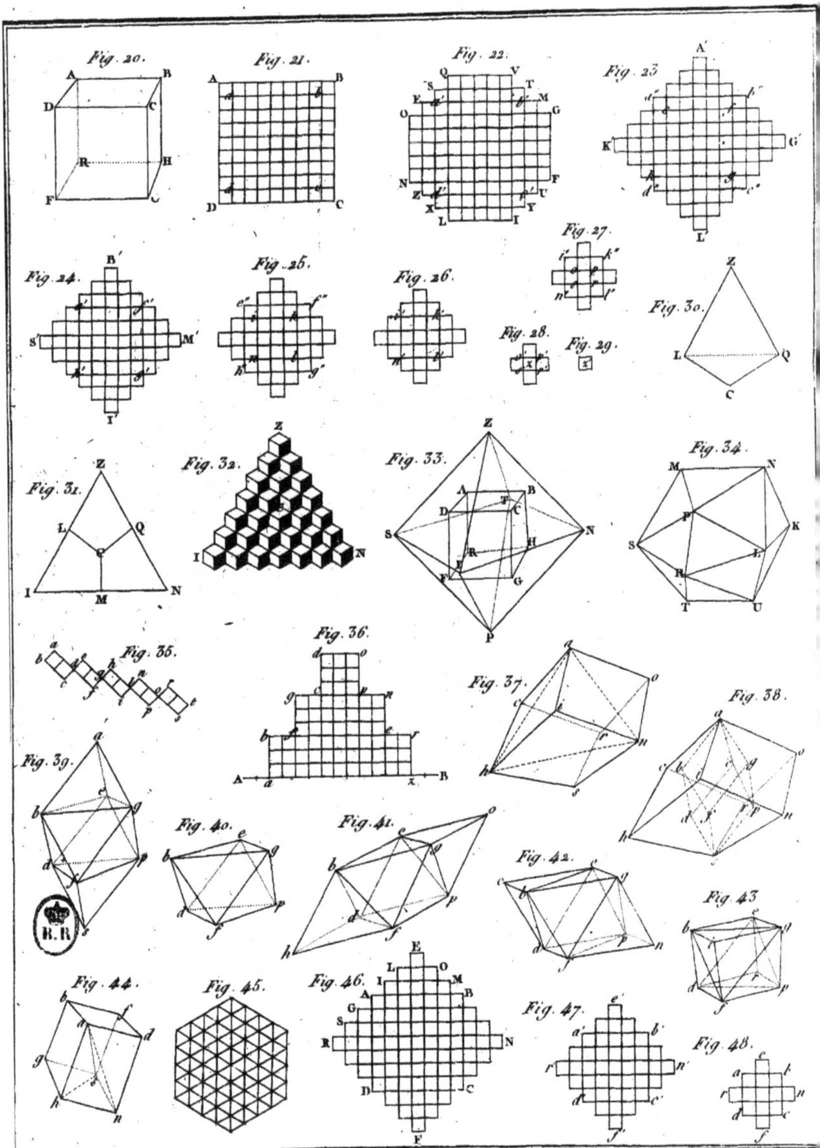

Benard dir.

Journal d'Hist. Naturelle, N° 6.

www.ingramcontent.com/pod-product-compliance
Lightning Source LLC
Chambersburg PA
CBHW071332200326
41520CB00013B/2938